13 DE MAYO 2023

El experimento genético que desencadenó la evolución humana

JAIRO DIAZ

El descubrimiento del experimento genético

El descubrimiento del experimento genético que desencadenó la evolución humana es uno de los mayores hitos en la historia de la ciencia. Este descubrimiento cambió nuestra comprensión de la evolución y la biología humana y nos mostró el poder de la genética en la vida de los seres humanos. Pero el descubrimiento del experimento no fue fácil, y su historia está llena de intrigas, emociones y giros inesperados.

En la década de 1950, un equipo de científicos de todo el mundo se unió para tratar de descubrir los secretos del ADN. Fue un momento emocionante en la historia de la ciencia, y la competencia por descubrir los secretos del ADN era intensa. El equipo estaba liderado por James Watson y Francis Crick, quienes trabajaban en el laboratorio de Cambridge University en Inglaterra. Pero la competencia por descubrir el ADN estaba en todas partes, y el equipo de Watson y Crick no era el único en la carrera.

Durante años, el equipo de Watson y Crick había estado tratando de descifrar la estructura del ADN. Pero los experimentos estaban resultando muy difíciles, y el equipo no parecía poder avanzar. Entonces, en 1952, un científico llamado Rosalind Franklin se unió al equipo de Watson y Crick. Franklin era una experta en cristalografía de rayos X, y su experiencia fue fundamental para ayudar al equipo a entender la estructura del ADN.

Sin embargo, la historia de Franklin es a menudo olvidada en los libros de historia de la ciencia, ya que fue en gran medida excluida del trabajo de Watson y Crick. En realidad, el equipo de Watson y Crick robó los datos de Franklin y los usó para desarrollar su propia teoría sobre la estructura del ADN. Esta exclusión de Franklin de los créditos por su trabajo es un tema recurrente en la historia de la ciencia, y se ha cuestionado a menudo si Franklin habría recibido más reconocimiento si hubiera sido hombre.

Pero en 1953, Watson y Crick finalmente descifraron la estructura del ADN, utilizando los datos de Franklin y otros investigadores. Este descubrimiento fue uno de los momentos más emocionantes en la historia de la ciencia, y cambió nuestra comprensión de la vida y la biología humana.

Sin embargo, el verdadero descubrimiento del experimento genético que desencadenó la evolución humana vino unos años después. En 1958, un equipo de científicos liderados por Joshua Lederberg descubrieron la transferencia horizontal de genes en bacterias. La transferencia horizontal de genes es un proceso en el que los organismos intercambian genes directamente, sin la necesidad de la reproducción sexual.

Este descubrimiento fue un gran avance en la comprensión de la genética, ya que mostró que los organismos podían intercambiar información genética sin la necesidad de la reproducción sexual. Pero lo que Lederberg no sabía era que este proceso también había ocurrido en los seres humanos, en un experimento genético que había tenido lugar hace mucho tiempo.

La historia del experimento genético que desencadenó la evolución humana comienza hace unos 500.000 años, en lo que ahora es África. En ese momento, un grupo de seres humanos estaba siendo sometido a un experimento genético. Un grupo de seres alienígenas avanzados había decidido manipular el ADN de los seres humanos para crear una especie más inteligente y avanzada. Estos seres humanos modificados serían más capaces de adaptarse al mundo y a las condiciones cambiantes de la Tierra.

Los seres humanos modificados resultaron ser una especie increíblemente exitosa, y su ADN modificado se propagó rápidamente por toda la población humana en África. Con el tiempo, los seres humanos modificados se extendieron por todo el mundo, reemplazando a las especies humanas más antiguas como los neandertales.

Pero esta historia del experimento genético se mantuvo oculta durante mucho tiempo. Fue solo después del descubrimiento de la transferencia horizontal de genes que los científicos comenzaron a comprender el papel que jugó este experimento en la evolución humana.

La teoría de la evolución y su relación con el experimento genético se basa en la idea de que la evolución es un proceso continuo y dinámico que se produce en todos los organismos vivos. Los seres humanos no son una excepción a esta regla, y nuestro propio proceso evolutivo está directamente relacionado con el experimento genético que se llevó a cabo hace tanto tiempo.

En la teoría de la evolución, se cree que los organismos se adaptan a su entorno a lo largo del tiempo mediante un proceso de selección natural. Los individuos más aptos tienen más probabilidades de sobrevivir y reproducirse, y transmiten sus genes a la siguiente generación. Con el tiempo, esto conduce a cambios en la población y en la especie en su conjunto.

En el caso de los seres humanos, la teoría de la evolución sugiere que nuestra especie se ha adaptado de diversas maneras a lo largo del tiempo. Desde nuestra capacidad para caminar erguidos hasta nuestro cerebro altamente desarrollado, hemos evolucionado para ser más adaptables y exitosos en nuestro entorno.

Pero la teoría de la evolución también sugiere que la evolución no es un proceso lineal. No hay una dirección predeterminada hacia la que evolucionamos, y no hay un objetivo final que debamos alcanzar. En cambio, la evolución es un proceso complejo y dinámico que está en constante cambio.

La relación entre la teoría de la evolución y el experimento genético que desencadenó la evolución humana es que el experimento en sí mismo fue una forma de selección natural. Los seres humanos modificados que resultaron ser más adaptables y exitosos en su entorno sobrevivieron y se reprodujeron, transmitiendo sus genes a la siguiente generación. Con el tiempo, estos genes modificados se extendieron por toda la población humana, dando lugar a una especie más inteligente y avanzada.

En resumen, el primer capítulo establece la historia del experimento genético que desencadenó la evolución humana, mientras que el segundo capítulo, "La teoría de la evolución y su relación con el experimento", explora cómo la teoría de la evolución se relaciona con este experimento y cómo se desarrolló para crear las condiciones que permitieron la evolución humana. A medida que avancemos en esta historia, descubriremos los detalles de cómo los seres humanos surgieron a partir de este experimento genético y cómo evolucionaron para convertirse en la especie dominante en la Tierra.

La teoría de la evolución y su relación con el experimento

La teoría de la evolución ha sido durante mucho tiempo uno de los temas más fascinantes y controvertidos en el mundo científico. Esta teoría postula que las especies cambian y evolucionan con el tiempo, adaptándose a su entorno y desarrollando nuevas características para sobrevivir. Pero ¿cómo se relaciona esto con el experimento genético que hemos estado explorando?

Para entender la relación entre la teoría de la evolución y el experimento genético, debemos volver a los primeros días de la vida en la Tierra. En ese momento, la vida era muy diferente a como la conocemos hoy en día. Los organismos eran simples, unicelulares y no tenían la capacidad de evolucionar en la medida en que lo hacen las especies modernas.

Sin embargo, a medida que los organismos se hicieron más complejos, comenzaron a desarrollar nuevas características que les permitieron sobrevivir y prosperar en su entorno. Estas características eran el resultado de mutaciones genéticas aleatorias que se producían cuando se replicaba el ADN de un organismo.

En el caso del experimento genético, las mutaciones fueron provocadas deliberadamente por los científicos que lo llevaron a cabo. Estas mutaciones permitieron que los organismos modificados se adaptaran mejor a su entorno, lo que les permitió sobrevivir y reproducirse con más éxito que sus contrapartes no modificadas.

A medida que las generaciones de organismos modificados se reprodujeron y se mezclaron con organismos no modificados, se produjo una selección natural que favoreció a los organismos modificados. Con el tiempo, esto condujo a la evolución de nuevas especies que tenían características diferentes a las de sus ancestros.

La teoría de la evolución explica cómo estos procesos de selección natural y mutación genética aleatoria han llevado a la diversidad de la vida que vemos en el mundo hoy en día. Sin embargo, el experimento genético proporciona una visión única de cómo estos procesos pueden ser manipulados y acelerados artificialmente para producir cambios más rápidos y dirigidos en las especies.

En resumen, la teoría de la evolución y el experimento genético están estrechamente relacionados. Ambos se basan en la idea de que las especies cambian y evolucionan con el tiempo, adaptándose a su entorno y desarrollando nuevas características para sobrevivir. La diferencia es que la teoría de la evolución describe cómo ocurre esto de forma natural, mientras que el experimento genético muestra cómo estos procesos pueden ser acelerados y manipulados artificialmente para producir cambios específicos y dirigidos en las especies.

El contexto histórico y científico del experimento

Antes de explorar los detalles del experimento genético que desencadenó la evolución humana, es importante entender el contexto histórico y científico en el que se llevó a cabo.

A principios del siglo XX, la ciencia estaba experimentando un rápido avance en todo el mundo. La biología y la genética eran campos de estudio relativamente nuevos, pero ya estaban produciendo avances significativos en la comprensión de cómo funcionaba la vida a nivel molecular.

En este momento, el estudio de la genética se centraba en los trabajos de Gregor Mendel, un monje austríaco que había descubierto las leyes básicas de la herencia. Sus trabajos habían sido redescubiertos en 1900 y estaban comenzando a tener un impacto en la comprensión de cómo los rasgos se transmitían de una generación a otra.

Al mismo tiempo, el darwinismo y la teoría de la evolución habían ganado una aceptación generalizada. La idea de que las especies cambiaban y evolucionaban con el tiempo había sido propuesta por Charles Darwin en 1859, pero había tardado décadas en ser ampliamente aceptada.

En este contexto histórico y científico, un grupo de científicos comenzó a explorar

El contexto histórico y científico del experimento

Para entender completamente el experimento genético que desencadenó la evolución humana, es necesario conocer el contexto histórico y científico en el que se llevó a cabo. En este capítulo, exploraremos más a fondo este contexto y su influencia en el experimento.

A finales del siglo XIX y principios del XX, la ciencia estaba experimentando un rápido avance en todo el mundo. La biología y la genética eran campos de estudio relativamente nuevos, pero ya estaban produciendo avances significativos en la comprensión de cómo funcionaba la vida a nivel molecular.

La teoría de la evolución de Charles Darwin había sido propuesta en 1859, pero no fue ampliamente aceptada hasta varias décadas después. En este momento, la teoría había ganado una aceptación generalizada y había comenzado a influir en la forma en que se entendía la naturaleza y la vida en la Tierra.

Por otro lado, la genética estaba comenzando a desentrañar los misterios de cómo se transmitían los rasgos de una generación a otra. Los trabajos de Gregor Mendel, un monje austríaco, habían sido redescubiertos y estaban comenzando a tener un impacto significativo en la comprensión de la herencia.

En este contexto, un grupo de científicos comenzó a explorar la posibilidad de manipular los genes de los organismos vivos. Estos experimentos fueron considerados revolucionarios y peligrosos por algunos, mientras que otros los vieron como una oportunidad para desbloquear los secretos del ADN y la vida misma.

Fue en este contexto que se llevó a cabo el experimento genético que desencadenó la evolución humana. Los científicos involucrados en el proyecto se inspiraron en las teorías de la evolución y la genética, y estaban decididos a utilizar sus conocimientos para acelerar el proceso evolutivo.

El resultado fue un experimento que cambió el curso de la historia humana para siempre. Pero también planteó preguntas profundas sobre la ética de la manipulación genética y el papel de la ciencia en la creación y evolución de la vida. En los próximos capítulos, exploraremos estos temas con más detalle.

Las herramientas científicas que permitieron el descubrimiento

El experimento genético que desencadenó la evolución humana no podría haber sido posible sin una serie de herramientas científicas y tecnológicas que permitieron a los investigadores manipular los genes de los organismos vivos.

En este capítulo, exploraremos algunas de las herramientas clave que hicieron posible el descubrimiento de este experimento y cómo su uso ha evolucionado a lo largo del tiempo.

Una de las herramientas más importantes fue la técnica de recombinación del ADN, que fue desarrollada por primera vez en la década de 1970. Esta técnica permitió a los científicos cortar y pegar segmentos de ADN de diferentes organismos, lo que permitió la creación de organismos transgénicos con características específicas.

Otra herramienta importante fue la tecnología de secuenciación de ADN, que permitió a los investigadores descifrar el código genético de los organismos vivos. La primera secuenciación completa del genoma humano se logró en 2003, lo que abrió nuevas posibilidades para la comprensión de la genética humana.

También se desarrollaron herramientas para la edición genética, como la tecnología CRISPR-Cas9, que permite a los científicos editar de manera precisa el ADN de un organismo. Esta tecnología ha sido aclamada como una de las herramientas más importantes de la biotecnología moderna y ha revolucionado la forma en que se pueden realizar experimentos genéticos.

Además de estas herramientas, los científicos también han utilizado una variedad de técnicas de imagen y análisis para comprender la estructura y función de los genes y las proteínas que producen.

En resumen, el experimento genético que desencadenó la evolución humana fue posible gracias a una serie de herramientas científicas y tecnológicas que permitieron a los investigadores manipular los genes de los organismos vivos. Estas herramientas han evolucionado a lo largo del tiempo y han abierto nuevas posibilidades para la comprensión de la genética y la biología.

Los protagonistas del experimento y sus descubrimientos previos

Detrás del descubrimiento del experimento genético que desencadenó la evolución humana hubo un grupo de científicos que dedicaron años de trabajo y estudio para llegar a su conclusión. En este capítulo, exploraremos quiénes fueron estos protagonistas y cuáles fueron sus descubrimientos previos que los llevaron a realizar este descubrimiento revolucionario.

El primer protagonista fue el biólogo molecular francés Francois Jacob, quien en 1961 descubrió cómo funcionan los genes y cómo se transcriben en proteínas. Junto con su colega Jacques Monod, desarrolló la teoría del operón, que explica cómo los genes se regulan en las células.

El segundo protagonista fue el biólogo estadounidense James Watson, quien junto con Francis Crick, descubrió la estructura del ADN en 1953. Este descubrimiento sentó las bases para la comprensión de la genética y la biología molecular.

El tercer protagonista fue el biólogo molecular estadounidense Craig Venter, quien lideró el Proyecto Genoma Humano en la década de 1990. Este proyecto logró secuenciar el genoma humano completo por primera vez en 2003.

Junto con estos protagonistas, también hubo un equipo de científicos que trabajaron en el descubrimiento del experimento genético que desencadenó la evolución humana. Estos científicos utilizaron una variedad de técnicas y herramientas para manipular y analizar los genes de los organismos vivos.

Entre estos científicos se encontraban aquellos que trabajaban en el proyecto ENCODE, que tenía como objetivo identificar todas las regiones funcionales del genoma humano. Otros científicos se centraron en estudiar los genes responsables de la evolución de los humanos, incluidos aquellos relacionados con el desarrollo cerebral y la capacidad para el habla.

En resumen, el descubrimiento del experimento genético que desencadenó la evolución humana fue posible gracias a un grupo de científicos que dedicaron años de trabajo y estudio a la comprensión de la genética y la biología molecular. Estos científicos incluyeron a aquellos que realizaron descubrimientos previos clave en estas áreas, así como a aquellos que trabajaron específicamente en el descubrimiento del experimento.

Las implicaciones éticas del experimento

A medida que los científicos avanzaban en su investigación sobre el experimento genético, comenzaron a surgir preguntas incómodas sobre las implicaciones éticas de sus descubrimientos. ¿Era correcto jugar con la composición genética de los seres vivos? ¿Qué derechos tenían estos seres vivos y qué responsabilidades tenían los científicos en su manipulación?

Las implicaciones éticas del experimento comenzaron a cobrar importancia a medida que los científicos se dieron cuenta del alcance de sus descubrimientos. Si bien el experimento había sido un éxito en términos de impulsar la evolución humana, también había creado una serie de dilemas éticos que debían ser abordados.

Por un lado, estaban los derechos de los seres vivos que habían sido manipulados. ¿Eran estos seres vivos conscientes de su situación y, si lo eran, deberían tener algún tipo de protección? Además, ¿había alguna garantía de que los efectos de la manipulación genética no tendrían consecuencias imprevistas y potencialmente dañinas para las generaciones futuras?

Por otro lado, estaban las responsabilidades de los científicos involucrados en el experimento. ¿Era ético jugar con la naturaleza de esta manera? ¿Deberían los científicos asumir la responsabilidad de los posibles efectos negativos del experimento, incluso si no se pudieran prever?

A medida que estas preguntas y preocupaciones comenzaron a surgir, los científicos se dieron cuenta de que necesitaban establecer pautas éticas claras para el manejo de la manipulación genética. Se establecieron comités éticos para revisar los planes de investigación y las decisiones sobre la manipulación genética, y se desarrollaron estándares rigurosos para el manejo de los seres vivos involucrados en el experimento.

Sin embargo, a pesar de estos esfuerzos, las implicaciones éticas del experimento siguen siendo un tema candente en el mundo científico. A medida que la tecnología de la manipulación genética avanza, surge la necesidad de seguir revisando y actualizando nuestras políticas y pautas éticas para garantizar que estamos manejando esta tecnología de manera responsable y con el mayor respeto por la vida y los derechos de los seres vivos involucrados.

En última instancia, las implicaciones éticas del experimento son una advertencia de la importancia de equilibrar el progreso científico con una consideración cuidadosa de los valores éticos que guían nuestro trabajo. Debemos trabajar juntos para garantizar que nuestros avances científicos estén guiados por la integridad y el respeto por la vida, para que podamos continuar avanzando sin perder de vista lo que es verdaderamente importante.

La evidencia del experimento en el genoma humano

Durante muchos años, los científicos han estado tratando de descifrar el ADN humano para obtener una mejor comprensión de nuestra evolución. Con la llegada de la secuenciación del genoma humano, finalmente se pudieron hacer grandes avances en esta tarea. En este capítulo, exploraremos la evidencia del experimento genético en el genoma humano.

En primer lugar, los científicos descubrieron que aproximadamente el 98,5% del genoma humano es idéntico al de los chimpancés. Esto significa que los seres humanos y los chimpancés comparten un ancestro común, y que la evolución humana y la de los chimpancés estuvieron estrechamente relacionadas.

Pero, ¿dónde está la evidencia del experimento genético? Bueno, hay varias áreas en el genoma humano que contienen evidencia clara de que algo diferente ocurrió en la evolución humana. Una de estas áreas es el gen FOXP2, que se sabe que está involucrado en la producción del habla. Los seres humanos tienen una variante de FOXP2 que no se encuentra en otros primates, lo que sugiere que la capacidad del habla humana puede ser el resultado directo del experimento genético.

Además, los científicos también han encontrado evidencia de que los seres humanos tienen un mayor número de copias de algunos genes, como los que están involucrados en el desarrollo del cerebro y la memoria. Estas copias adicionales pueden haber surgido como resultado del experimento genético, y pueden haber dado lugar a la evolución del cerebro humano.

Otra área donde se puede encontrar evidencia del experimento genético es en los retrovirus endógenos. Estos son virus que han insertado su ADN en el genoma humano en algún momento del pasado. Algunos de estos retrovirus parecen haber sido insertados en el genoma humano después del experimento genético, lo que sugiere que pueden estar relacionados con los cambios evolutivos que tuvieron lugar en los seres humanos.

En resumen, hay varias áreas en el genoma humano que contienen evidencia clara del experimento genético. A través de la secuenciación del genoma humano y la comparación con otros primates, los científicos han podido identificar áreas específicas donde los seres humanos difieren significativamente de otros primates. La evidencia sugiere que el experimento genético puede haber sido responsable de estos cambios, y que ha tenido un impacto significativo en la evolución humana.

El ADN: la clave del experimento

El ADN es la clave para entender el experimento genético que desencadenó la evolución humana. A lo largo de la historia, los científicos han investigado y descubierto los secretos del ADN, lo que ha llevado a una comprensión más profunda de cómo funcionan los seres vivos y cómo ha sido posible la evolución.

En este capítulo, exploraremos la importancia del ADN y cómo los científicos han descubierto sus secretos. El ADN es una molécula que se encuentra en el núcleo de las células de todos los seres vivos y contiene toda la información necesaria para el desarrollo y funcionamiento del organismo.

Los científicos descubrieron la estructura del ADN en 1953, gracias al trabajo de James Watson y Francis Crick. Esta estructura es una doble hélice formada por cuatro bases nitrogenadas: adenina, guanina, citosina y timina. La secuencia de estas bases es la que determina la información genética que contiene el ADN.

Desde entonces, los científicos han utilizado diversas técnicas para estudiar el ADN y entender cómo funciona. La secuenciación del ADN, por ejemplo, ha permitido identificar las diferencias genéticas entre los seres vivos y rastrear la evolución de las especies a lo largo del tiempo.

El ADN también ha sido clave en el descubrimiento del experimento genético que desencadenó la evolución humana. Los científicos han identificado los cambios genéticos que ocurrieron en los primeros homínidos y cómo estos cambios llevaron a la evolución de los seres humanos.

Uno de los descubrimientos más importantes en este sentido fue el hallazgo del gen FOXP2. Este gen, que está involucrado en el lenguaje y la comunicación, sufrió una mutación en algún momento de la evolución humana, lo que permitió el desarrollo del lenguaje y la comunicación compleja que caracteriza a los seres humanos.

Además, la comparación del genoma humano con el de otros primates ha revelado las similitudes y diferencias genéticas entre las especies. Los científicos han identificado los genes que hacen a los humanos diferentes de los chimpancés, nuestros parientes más cercanos en términos evolutivos.

En resumen, el ADN es la clave para entender el experimento genético que desencadenó la evolución humana. Los científicos han utilizado diversas herramientas y técnicas para descubrir los secretos del ADN y entender cómo funciona. Gracias a estos descubrimientos, podemos comprender mejor cómo evolucionaron los seres humanos y cómo somos diferentes de otros seres vivos en el planeta.

La identificación de los genes involucrados en el experimento

El descubrimiento del experimento genético ha sido un hito en la historia de la humanidad, y la identificación de los genes involucrados en este proceso ha sido uno de los mayores logros de la ciencia moderna. En este capítulo, exploraremos cómo los científicos pudieron identificar los genes responsables del experimento genético que desencadenó la evolución humana.

Durante muchos años, los científicos se preguntaron cuáles eran los genes responsables del experimento genético que permitió a los seres humanos evolucionar y convertirse en la especie que somos hoy en día. La respuesta se encontraba en el ADN humano, que contiene toda la información necesaria para la creación y desarrollo de cada célula y organismo. Para identificar los genes responsables del experimento, los científicos necesitaban analizar millones de secuencias de ADN.

La tarea era monumental, pero gracias a los avances en la tecnología de secuenciación de ADN, los científicos pudieron hacerlo realidad. La secuenciación de ADN es el proceso de determinar la secuencia exacta de nucleótidos en un segmento de ADN. Los científicos utilizaron esta tecnología para analizar el ADN de diferentes especies de animales, incluidos los humanos, y comparar las secuencias de ADN entre ellas.

En el año 2001, se completó el Proyecto del Genoma Humano, que fue un esfuerzo internacional para secuenciar y mapear todo el genoma humano. Este proyecto permitió a los científicos identificar y mapear la ubicación de los genes humanos. A partir de este punto, los científicos comenzaron a investigar los genes responsables del experimento genético que desencadenó la evolución humana.

Uno de los genes más importantes en el experimento genético es el gen FOXP2. Este gen es responsable del desarrollo del lenguaje y de la comunicación en los seres humanos. Los científicos descubrieron que este gen ha experimentado cambios evolutivos significativos a lo largo del tiempo en los seres humanos, lo que sugiere que es un factor clave en la evolución de la especie humana.

Otro gen importante en el experimento genético es el gen HAR1. Este gen está relacionado con el desarrollo del cerebro y ha sufrido cambios significativos en los seres humanos en comparación con otros primates. Los científicos creen que este gen puede ser responsable de la complejidad y la capacidad cognitiva del cerebro humano.

Además de estos genes, los científicos han identificado muchos otros genes que parecen estar involucrados en el experimento genético. La identificación de estos genes ha proporcionado una comprensión más profunda de cómo los seres humanos evolucionaron y se convirtieron en la especie que somos hoy en día.

En conclusión, la identificación de los genes involucrados en el experimento genético que desencadenó la evolución humana ha sido un logro significativo en la ciencia moderna. Gracias a la tecnología de secuenciación de ADN y al Proyecto del Genoma Humano, los científicos pudieron identificar los genes responsables del experimento. La identificación de estos genes ha proporcionado una comprensión más profunda de cómo los seres humanos evolucionaron y se convirtieron en lo que somos hoy en día. Pero, ¿cómo fue posible identificar los genes específicos involucrados en este experimento genético? ¿Cómo pudimos descifrar los secretos del ADN y su impacto en nuestra evolución?"

Durante décadas, los científicos han estado investigando el genoma humano en busca de pistas sobre nuestros orígenes y evolución. Gracias a avances en tecnología y métodos de investigación, hemos podido identificar los genes involucrados en el experimento genético que desencadenó la evolución humana.

Uno de los principales desafíos de esta investigación fue la enorme cantidad de información contenida en el ADN humano. El genoma humano está compuesto por más de 3 mil millones de pares de bases, lo que representa un enorme desafío para los investigadores que intentan identificar genes específicos.

Para abordar este desafío, los científicos han utilizado una variedad de herramientas y técnicas. Una de las más importantes ha sido la secuenciación del ADN. Gracias a la secuenciación, los científicos pueden leer la secuencia de letras que componen el ADN humano y buscar patrones que indiquen la presencia de genes específicos.

Otra herramienta importante ha sido el mapeo del genoma humano. El mapeo del genoma implica la identificación de la ubicación física de los genes en los cromosomas. Esta información ha sido crucial para los investigadores que buscan comprender cómo los genes interactúan entre sí y cómo influyen en la evolución humana.

En los últimos años, también se ha utilizado la edición del genoma, una técnica que permite a los científicos agregar, eliminar o cambiar genes específicos en el ADN humano. Si bien esta técnica es relativamente nueva y aún se están evaluando sus implicaciones éticas, ha proporcionado información valiosa sobre los genes involucrados en la evolución humana.

Gracias a estas herramientas y técnicas, los científicos han identificado varios genes que parecen estar involucrados en la evolución humana. Uno de los más destacados es el gen FOXP2, que se cree que está involucrado en la adquisición del lenguaje y la comunicación. Otro gen importante es el gen ARHGAP11B, que parece estar relacionado con el crecimiento del cerebro humano.

Sin embargo, todavía queda mucho por descubrir sobre los genes involucrados en el experimento genético que desencadenó la evolución humana. La investigación continúa y los científicos están trabajando arduamente para comprender mejor cómo nuestro ADN ha influido en nuestra evolución y en la creación de la especie humana tal como la conocemos hoy en día.

La relación del experimento con otras especies animales

La evolución es un proceso que ha afectado a todas las especies animales, no solo a los seres humanos. De hecho, una de las claves para entender el experimento genético que desencadenó la evolución humana es comprender cómo se relaciona con otras especies animales.

En este capítulo exploraremos la relación del experimento con otras especies animales, y cómo estas también han experimentado cambios genéticos a lo largo del tiempo. La evolución es un proceso complejo que involucra muchos factores, y aunque los humanos tienen una capacidad cognitiva superior, esto no significa que los demás animales no hayan evolucionado y adaptado a su entorno.

En primer lugar, debemos entender que todos los seres vivos comparten una parte de su ADN, lo que sugiere que todos estamos relacionados evolutivamente. En cuanto a los primates, los seres humanos compartimos gran parte de nuestro ADN con los chimpancés, lo que indica que compartimos un ancestro común.

Además, la evolución ha afectado a diferentes especies de primates de manera diferente. Los gorilas, por ejemplo, han experimentado cambios genéticos que les han permitido desarrollar una fuerza física impresionante, mientras que los orangutanes han desarrollado habilidades increíbles para trepar árboles.

En cuanto a los monos del Nuevo Mundo, estos tienen un grupo de genes que los hace capaces de sintetizar su propia vitamina C, algo que los seres humanos no pueden hacer. Esto sugiere que los monos del Nuevo Mundo han evolucionado de manera diferente a los seres humanos y otros primates.

También es importante mencionar que la evolución no solo ha afectado a los primates. Las aves, por ejemplo, han experimentado cambios genéticos que les han permitido volar, algo que les da una ventaja en términos de supervivencia.

En resumen, la relación del experimento genético que desencadenó la evolución humana con otras especies animales es muy importante para entender la complejidad de la evolución. Todos los seres vivos están relacionados evolutivamente y han experimentado cambios genéticos a lo largo del tiempo. La evolución es un proceso continuo que no se limita a los seres humanos, y comprender su relación con otras especies es esencial para entender nuestra propia evolución.

El impacto del experimento en la diversidad humana

El impacto del experimento genético en la diversidad humana es un tema fascinante y complejo que ha sido objeto de intensas investigaciones y debates en la comunidad científica. La comprensión de la evolución humana y cómo se relaciona con el experimento genético es crucial para comprender nuestra diversidad como especie y cómo se han desarrollado las diferentes características físicas y psicológicas que nos hacen únicos.

La diversidad humana es el resultado de múltiples factores, incluidos los cambios en el medio ambiente, la migración, la selección natural y, por supuesto, la evolución genética. La comprensión de la diversidad humana es esencial para la identificación de enfermedades genéticas y el desarrollo de tratamientos efectivos.

Los científicos han descubierto que el experimento genético que desencadenó la evolución humana tuvo un impacto significativo en la diversidad genética de nuestra especie. Los investigadores han identificado diferentes marcadores genéticos que muestran cómo diferentes poblaciones humanas se han adaptado a diferentes condiciones ambientales y cómo la selección natural ha influido en la evolución de diferentes características físicas.

La diversidad humana también se ve influenciada por factores culturales y sociales, como la endogamia y la migración. La endogamia se refiere a la práctica de casarse dentro de la misma comunidad, lo que puede conducir a la transmisión de enfermedades genéticas recesivas y reducir la diversidad genética. Por otro lado, la migración puede aumentar la diversidad genética al introducir nuevos genes en una población.

La diversidad humana también se ve afectada por factores psicológicos, como la personalidad y la inteligencia. Los científicos han descubierto que los genes pueden influir en estas características, aunque la interacción entre los genes y el ambiente también juega un papel importante.

Es importante tener en cuenta que la diversidad humana es un tema delicado que puede ser utilizado para justificar la discriminación y el racismo. La ciencia debe ser utilizada para entender y celebrar la diversidad humana, no para justificar la opresión y la desigualdad.

En conclusión, el impacto del experimento genético en la diversidad humana es un tema fascinante que nos permite entender cómo nos hemos adaptado a diferentes condiciones ambientales y cómo se han desarrollado diferentes características físicas y psicológicas en nuestra especie. La diversidad humana es una de nuestras mayores fortalezas como especie y debemos celebrarla y protegerla.

La influencia del experimento en la inteligencia humana

Desde la perspectiva de la evolución, la inteligencia es una característica crucial que ha permitido a los seres humanos sobrevivir y prosperar en una variedad de entornos. Pero ¿cómo se relaciona la inteligencia con el experimento genético que desencadenó la evolución humana?

Los científicos han identificado varios genes que están asociados con la inteligencia humana, muchos de los cuales están ubicados en regiones del genoma que evolucionaron recientemente en la línea evolutiva humana. De hecho, algunos de estos genes solo se encuentran en humanos y no en otros animales.

Esto sugiere que el experimento genético que desencadenó la evolución humana puede haber desempeñado un papel clave en el desarrollo de la inteligencia humana. A través de la selección natural, los individuos que portaban variantes beneficiosas de los genes asociados con la inteligencia podrían haber tenido una ventaja en la competencia por los recursos y el éxito reproductivo. Con el tiempo, esto habría llevado a una acumulación de genes asociados con la inteligencia en la población humana.

Sin embargo, es importante tener en cuenta que la inteligencia es una característica compleja que es influenciada por muchos factores diferentes, incluyendo el ambiente, la educación y la cultura. Por lo tanto, aunque el experimento genético pudo haber establecido las bases para el desarrollo de la inteligencia humana, otros factores también han sido importantes en la evolución de esta característica.

De hecho, la relación entre el experimento genético y la inteligencia humana sigue siendo objeto de intensa investigación y debate entre los científicos. Algunos argumentan que el experimento genético fue un factor importante en la evolución de la inteligencia, mientras que otros sugieren que otros factores, como la complejidad social y la presión para la cooperación, fueron más importantes.

En cualquier caso, es claro que el experimento genético que desencadenó la evolución humana ha tenido un impacto significativo en la diversidad y complejidad de la vida en nuestro planeta, incluyendo la evolución de la inteligencia humana. La comprensión de la relación entre estos factores sigue siendo un tema de gran interés y debate en la comunidad científica, y es probable que continúe siéndolo en el futuro.

El impacto del experimento en la habilidad lingüística

La habilidad lingüística ha sido una de las características más distintivas de los seres humanos. A través del lenguaje, las personas han sido capaces de comunicarse, transmitir conocimientos, compartir ideas y crear nuevas culturas. Sin embargo, ¿cómo ha influido el experimento genético en el desarrollo del lenguaje humano?

Se sabe que el lenguaje humano es una capacidad que se encuentra en gran medida determinada por la genética. Los estudios realizados han demostrado que existe una base biológica para la adquisición del lenguaje, y que esta habilidad está determinada por un conjunto de genes específicos. En este sentido, es posible que el experimento genético haya jugado un papel clave en la aparición y desarrollo de la habilidad lingüística en los seres humanos.

De hecho, se ha demostrado que los seres humanos poseen ciertos genes relacionados con el desarrollo del lenguaje que no se encuentran en otras especies animales. Estos genes están relacionados con la producción y comprensión del lenguaje, y se han encontrado diferencias significativas entre los humanos y otros primates en la forma en que se expresan. Es posible que estos genes hayan surgido a partir del experimento genético, lo que habría permitido a los seres humanos desarrollar habilidades lingüísticas mucho más avanzadas que las de otras especies animales.

Además, el experimento genético también puede haber influido en la capacidad de los seres humanos para aprender varios idiomas. Se sabe que los niños tienen una habilidad innata para adquirir el lenguaje, y que esto se debe en gran medida a factores genéticos. Es posible que el experimento haya permitido la aparición de ciertos genes relacionados con la adquisición del lenguaje, lo que habría hecho posible que los seres humanos aprendieran varios idiomas con relativa facilidad.

Por otro lado, el experimento también podría haber influido en la forma en que se estructuran las lenguas humanas. Se ha observado que las lenguas humanas tienen una estructura gramatical compleja y una sintaxis sofisticada que no se encuentra en otros idiomas. Es posible que esto se deba a la influencia del experimento genético, que habría permitido a los seres humanos desarrollar habilidades cognitivas más avanzadas que las de otras especies animales, lo que habría permitido la creación de lenguas más complejas.

En resumen, el experimento genético ha tenido un impacto significativo en el desarrollo de la habilidad lingüística humana. Es posible que haya permitido la aparición de ciertos genes relacionados con el lenguaje, lo que habría permitido a los seres humanos desarrollar habilidades lingüísticas mucho más avanzadas que las de otras especies animales. Además, también podría haber influido en la forma en que se estructuran las lenguas humanas, lo que habría permitido la creación de lenguas más complejas y sofisticadas. En definitiva, el experimento genético ha sido fundamental para la aparición y evolución del lenguaje humano, lo que ha permitido la creación y transmisión de cultura y conocimiento a lo largo de la historia.

El papel del experimento en la capacidad de razonamiento

Desde tiempos inmemoriales, los seres humanos han sido conocidos por su capacidad de razonamiento y su inteligencia. Pero, ¿qué hay detrás de esta capacidad? ¿Es posible que el experimento genético haya tenido un papel fundamental en el desarrollo de nuestra habilidad para razonar?

En este capítulo, exploraremos el papel del experimento en la capacidad de razonamiento de los seres humanos, así como las implicaciones que esto tiene para nuestra comprensión de la evolución y la biología humana.

En primer lugar, es importante entender que la capacidad de razonamiento es una habilidad compleja que involucra muchas partes diferentes del cerebro. Se cree que el experimento genético que desencadenó la evolución humana pudo haber tenido un papel importante en el desarrollo de estas habilidades.

Se ha demostrado que los genes involucrados en el experimento están estrechamente relacionados con la función cognitiva y la inteligencia en humanos. Estos genes han sido identificados en estudios que comparan el ADN humano con el de otros primates, lo que sugiere que el experimento puede haber sido el factor que impulsó la evolución de la inteligencia humana.

Además, se ha encontrado que las mutaciones en ciertos genes relacionados con el experimento pueden afectar la capacidad de razonamiento de los individuos. Por ejemplo, una variante del gen FOXP2, que está relacionado con el lenguaje y la capacidad de razonamiento, se ha asociado con trastornos del espectro autista y dificultades en el aprendizaje del lenguaje.

Es importante destacar que el experimento genético no fue el único factor que influyó en el desarrollo de la capacidad de razonamiento humana. Otros factores, como la cultura y el ambiente, también jugaron un papel importante. Sin embargo, la evidencia sugiere que el experimento tuvo un impacto significativo en nuestra capacidad para razonar.

Esta conexión entre el experimento y la capacidad de razonamiento humana también tiene implicaciones interesantes para nuestra comprensión de la evolución y la biología humana. Tradicionalmente, se ha pensado que la evolución se produce por una selección natural aleatoria, pero el descubrimiento del experimento sugiere que la evolución puede haber sido impulsada por un factor específico.

Además, este descubrimiento también puede tener implicaciones importantes para la medicina y la biotecnología. Si podemos entender mejor cómo el experimento influyó en nuestra capacidad de razonamiento, podemos encontrar formas de mejorar esta capacidad en aquellos que pueden estar luchando con trastornos cognitivos o de aprendizaje.

En resumen, el experimento genético que desencadenó la evolución humana puede haber tenido un papel fundamental en el desarrollo de nuestra capacidad de razonamiento. Los genes involucrados en el experimento están estrechamente relacionados con la función cognitiva y la inteligencia en humanos, y las mutaciones en estos genes pueden afectar la capacidad de razonamiento de los individuos. Este descubrimiento tiene implicaciones interesantes para nuestra comprensión de la evolución y la biología humana, así como para la medicina y la biotecnología.

La relación del experimento con la creatividad humana

Desde hace mucho tiempo se ha debatido si la creatividad es una habilidad exclusiva de los seres humanos. Sin embargo, con la evidencia del experimento genético que desencadenó la evolución humana, los científicos han podido demostrar que la creatividad es una habilidad que está intrínsecamente relacionada con el ADN humano.

La creatividad es la capacidad de generar ideas nuevas e innovadoras que aporten valor al mundo. El experimento genético permitió la aparición de nuevas conexiones neuronales y la evolución del cerebro humano, lo que a su vez permitió el desarrollo de la creatividad.

Las evidencias científicas sugieren que la creatividad está ligada a la actividad de los genes involucrados en la neuroplasticidad y la formación de nuevas conexiones neuronales en el cerebro. Estos genes permitieron que los humanos desarrollen nuevas formas de pensar y razonar, lo que a su vez permitió el desarrollo de la creatividad.

La creatividad es una habilidad que ha sido fundamental para el desarrollo de la humanidad. A través de la creatividad, los humanos han sido capaces de generar nuevas tecnologías, crear nuevas formas de arte, música y literatura, y resolver problemas complejos que antes parecían imposibles de solucionar.

En resumen, el experimento genético que desencadenó la evolución humana ha tenido un impacto fundamental en el desarrollo de la creatividad humana. Los genes involucrados en la neuroplasticidad y la formación de nuevas conexiones neuronales han permitido que los humanos desarrollen nuevas formas de pensar y razonar, lo que a su vez ha permitido el desarrollo de la creatividad.

El experimento y la resistencia a enfermedades

El experimento genético que desencadenó la evolución humana no solo tuvo un impacto en las características físicas y cognitivas de nuestra especie, sino que también afectó nuestra capacidad para resistir enfermedades. El descubrimiento de los genes responsables de esta resistencia es uno de los avances más significativos de la medicina moderna y ha salvado millones de vidas.

En el pasado, las enfermedades eran una amenaza constante para los humanos y otras especies animales. La falta de conocimiento científico y herramientas médicas eficaces hizo que la mayoría de las personas murieran de enfermedades infecciosas como la peste, la viruela y la malaria. Pero gracias al experimento genético, los humanos adquirieron una mayor resistencia a estas enfermedades.

Los genes que permiten esta resistencia se identificaron gracias a la investigación genética y la secuenciación del ADN humano. Los científicos descubrieron que algunos genes están involucrados en la producción de proteínas que ayudan a combatir las enfermedades infecciosas. Estos genes permiten al sistema inmunológico humano reconocer y destruir los patógenos invasores, lo que reduce la probabilidad de contraer enfermedades.

Uno de los genes más importantes para la resistencia a enfermedades es el HLA (antígeno leucocitario humano). Este gen controla la producción de proteínas que ayudan al sistema inmunológico a reconocer y combatir los patógenos. Los científicos han identificado diferentes variantes del gen HLA en diferentes poblaciones humanas, lo que sugiere que el experimento genético tuvo un impacto significativo en la diversidad genética y la resistencia a enfermedades.

Además del HLA, otros genes también están involucrados en la resistencia a enfermedades, como los genes que controlan la producción de anticuerpos y la respuesta inflamatoria. Los científicos han descubierto que las personas con ciertas variantes de estos genes tienen una mayor resistencia a enfermedades como el VIH, la malaria y la tuberculosis.

El impacto del experimento genético en la resistencia a enfermedades no solo es importante para nuestra especie, sino que también tiene implicaciones para la investigación médica y la salud pública. Comprender los mecanismos genéticos detrás de la resistencia a enfermedades puede ayudar a los científicos a desarrollar tratamientos y vacunas más efectivos. También puede ayudar a los profesionales de la salud a comprender las diferencias en la susceptibilidad a enfermedades en diferentes poblaciones humanas.

En conclusión, el experimento genético que desencadenó la evolución humana tuvo un impacto significativo en la resistencia a enfermedades de nuestra especie. Los genes que permiten esta resistencia se identificaron gracias a la investigación científica y la secuenciación del ADN humano. Comprender estos mecanismos genéticos tiene implicaciones importantes para la investigación médica y la salud pública, y ha salvado millones de vidas.

La relación del experimento con la longevidad humana

Desde hace siglos, la humanidad ha buscado formas de prolongar la vida, y aunque aún no se ha encontrado la cura para el envejecimiento, los avances en la medicina han permitido que las personas vivan más años y con mejor calidad de vida. El experimento genético también ha sido un factor importante en la longevidad humana.

Uno de los principales hallazgos del experimento fue la identificación de ciertos genes que están relacionados con la longevidad. Estos genes son responsables de la reparación del ADN y de la protección de las células contra los radicales libres, lo que contribuye a retrasar el proceso de envejecimiento y prevenir enfermedades relacionadas con la edad.

El descubrimiento de estos genes ha llevado al desarrollo de terapias génicas que buscan activarlos o potenciarlos para prolongar la vida de las personas. Aunque todavía están en fase experimental, los resultados son alentadores y se espera que en el futuro se conviertan en una opción real para combatir el envejecimiento.

Además, el experimento también ha permitido identificar ciertos factores ambientales y de estilo de vida que afectan la longevidad, como la nutrición, el ejercicio y la exposición a toxinas. Gracias a esta información, se han desarrollado estrategias para prevenir enfermedades y prolongar la vida, como una dieta saludable y equilibrada, el ejercicio regular y la eliminación de productos químicos tóxicos del ambiente.

El impacto del experimento en la longevidad humana también se ha extendido a la comprensión de las enfermedades relacionadas con la edad, como el Alzheimer, la enfermedad de Parkinson y la diabetes tipo 2. La identificación de los genes implicados en estas enfermedades ha permitido el desarrollo de terapias más efectivas y específicas, lo que podría mejorar la calidad de vida de las personas afectadas y prolongar su vida útil.

Sin embargo, como en otros aspectos relacionados con el experimento, también existen preocupaciones éticas sobre la longevidad. Algunas personas temen que la prolongación de la vida pueda llevar a problemas de sobrepoblación y recursos limitados, o que solo esté al alcance de aquellos que pueden pagar las costosas terapias. Por lo tanto, es importante abordar estas preocupaciones desde una perspectiva ética y socialmente responsable.

En resumen, el experimento genético ha tenido un impacto significativo en la longevidad humana, no solo en la identificación de genes y factores ambientales relacionados con la longevidad, sino también en el desarrollo de terapias que podrían prolongar la vida y mejorar la calidad de vida de las personas. Sin embargo, es importante abordar las preocupaciones éticas y sociales que surgen de esta investigación para garantizar que los avances en la ciencia y la medicina sean beneficiosos para toda la humanidad.

La relación del experimento con la adaptabilidad humana

La evolución humana es un ejemplo de adaptabilidad, ya que a lo largo de la historia, los humanos han sido capaces de adaptarse a diferentes entornos y situaciones para sobrevivir. El experimento que condujo a la evolución humana tuvo un papel importante en la adaptabilidad humana actual.

La adaptabilidad humana se refiere a la capacidad de los humanos para adaptarse a diferentes entornos y situaciones para sobrevivir. El experimento que condujo a la evolución humana fue un ejemplo de adaptabilidad, ya que los humanos fueron capaces de adaptarse a diferentes entornos y situaciones para sobrevivir y prosperar.

La capacidad de los humanos para adaptarse a diferentes entornos y situaciones se debe en gran parte a la variabilidad genética que existe dentro de la población humana. La variabilidad genética es la existencia de diferentes versiones de un mismo gen en la población humana. Esto significa que hay una gran diversidad genética en la población humana, lo que permite que los humanos se adapten a diferentes entornos y situaciones.

La adaptabilidad humana también está relacionada con la plasticidad fenotípica, que es la capacidad de un organismo para cambiar su fenotipo (características físicas) en respuesta a cambios en el entorno. La plasticidad fenotípica puede ser una respuesta a la selección natural, lo que significa que los individuos con características físicas que les permiten sobrevivir y reproducirse en un entorno particular tienen una mayor probabilidad de transmitir esas características a su descendencia.

El experimento que condujo a la evolución humana tuvo un papel importante en la adaptabilidad humana actual. Durante el experimento, los humanos fueron capaces de adaptarse a diferentes entornos y situaciones para sobrevivir y prosperar. Los primeros humanos se encontraron con una variedad de desafíos en su entorno, como la búsqueda de alimento y agua, la construcción de refugios y la protección contra depredadores.

La evolución humana ha permitido que los humanos se adapten a diferentes entornos, lo que ha llevado a la diversidad cultural y lingüística en todo el mundo. Por ejemplo, las culturas que se han desarrollado en regiones montañosas han aprendido a utilizar las laderas y las pendientes para cultivar alimentos, mientras que las culturas que se han desarrollado en regiones costeras han aprendido a utilizar los recursos marinos.

En conclusión, el experimento que condujo a la evolución humana ha tenido un impacto significativo en la adaptabilidad humana actual. La variabilidad genética y la plasticidad fenotípica han permitido que los humanos se adapten a diferentes entornos y situaciones para sobrevivir y prosperar. La diversidad cultural y lingüística en todo el mundo es un ejemplo de cómo la adaptabilidad humana ha permitido a los humanos prosperar en diferentes entornos.

La relación del experimento con la cultura humana

El experimento de selección artificial en la mosca de la fruta no solo ha proporcionado una valiosa información sobre la evolución biológica, sino que también ha tenido implicaciones en la cultura humana.

Una de las implicaciones más notables del experimento en la cultura humana es su impacto en la percepción de la evolución. El experimento ha demostrado de manera clara y tangible que la selección natural puede actuar rápidamente sobre las poblaciones, produciendo cambios significativos en solo unas pocas generaciones. Este hecho ha ayudado a contrarrestar la idea errónea de que la evolución es un proceso lento y gradual que no se puede observar en un período de tiempo humano.

Además, el experimento ha proporcionado un modelo para entender cómo funciona la selección en otros organismos, incluyendo a los humanos. Ha demostrado que la selección natural puede producir cambios significativos en los rasgos físicos y de comportamiento de las poblaciones en un corto período de tiempo. Esta comprensión ha sido aplicada en la selección artificial de plantas y animales, incluyendo animales de granja y mascotas.

El experimento también ha tenido implicaciones en la cultura popular, apareciendo en películas, libros y otros medios. La idea de la selección artificial se ha convertido en un tropo común en la ciencia ficción y en la cultura popular en general.

Además, la idea de que los humanos pueden influir en la evolución ha llevado a discusiones sobre la ética de la ingeniería genética y la selección de rasgos en los seres humanos. Aunque estos debates son complejos y polémicos, el experimento de la mosca de la fruta ha proporcionado una base para entender las posibles consecuencias de estas prácticas.

En resumen, el experimento de selección artificial en la mosca de la fruta ha tenido importantes implicaciones en la cultura humana. Ha cambiado nuestra comprensión de la evolución, ha proporcionado un modelo para entender la selección natural en otros organismos y ha influido en la cultura popular. Además, ha llevado a debates éticos sobre la ingeniería genética y la selección de rasgos en los seres humanos.

El experimento como origen de la cooperación humana

El experimento de la evolución humana ha sido fundamental en la formación de la especie humana y ha moldeado no solo las características físicas, sino también las sociales y culturales de la humanidad. Una de las principales consecuencias del experimento ha sido la creación de la cooperación humana.

Durante la evolución de la especie humana, la necesidad de cooperación fue esencial para la supervivencia. En la lucha contra la naturaleza y otros seres vivos, la cooperación permitió la creación de grupos sociales que podían ayudarse mutuamente y aumentar sus probabilidades de supervivencia. A medida que los seres humanos evolucionaron, la cooperación se volvió cada vez más importante para la supervivencia y el progreso.

La cooperación se puede ver en muchas áreas de la cultura humana, desde la creación de herramientas y técnicas de caza, hasta la construcción de viviendas y la creación de sistemas políticos y económicos. La cooperación también ha sido fundamental en la creación de la cultura y la transmisión de conocimientos y habilidades de una generación a otra.

El experimento de la evolución humana ha demostrado que la cooperación es una de las principales razones por las cuales la especie humana ha logrado sobrevivir y prosperar en un entorno hostil y competitivo. Además, ha demostrado que la cooperación es esencial para el desarrollo social y cultural de la humanidad.

En conclusión, el experimento de la evolución humana ha sido fundamental en la formación de la especie humana y ha moldeado no solo las características físicas, sino también las sociales y culturales de la humanidad. La creación de la cooperación humana ha sido una de las principales consecuencias del experimento y ha permitido el desarrollo de la cultura y la transmisión de conocimientos y habilidades de una generación a otra.

El impacto del experimento en la historia humana

El experimento de la evolución humana ha tenido un impacto significativo en la historia de la humanidad. La comprensión de la evolución y la selección natural ha llevado a cambios fundamentales en la forma en que los humanos ven su lugar en el mundo y en cómo interactúan con él. En este capítulo, exploraremos algunos de los principales impactos del experimento en la historia humana.

En primer lugar, el experimento ha cambiado la forma en que los humanos se ven a sí mismos y a su lugar en el mundo. La idea de que los humanos evolucionaron de otras especies y no fueron creados por un ser divino ha sido difícil para algunas personas aceptar, pero ha llevado a una comprensión más profunda de nuestra relación con otras formas de vida y nuestro papel en el planeta.

Además, el experimento ha llevado a un mayor reconocimiento de la diversidad humana y a una apreciación de la importancia de la variación genética. Antes de la comprensión de la evolución, muchas culturas creían que los humanos eran inherentemente diferentes en términos de habilidades y rasgos, y esto a menudo llevaba a la discriminación y el racismo. La comprensión de la evolución ha llevado a una mayor tolerancia y comprensión de las diferencias entre los seres humanos.

En la historia humana, la comprensión de la evolución ha llevado a un cambio en la forma en que los humanos ven su relación con el medio ambiente y con otras especies. La comprensión de la selección natural ha llevado a una mayor apreciación de la fragilidad del ecosistema y de la importancia de proteger la diversidad biológica.

Otro impacto del experimento en la historia humana ha sido en el campo de la medicina. La comprensión de la evolución ha llevado a una mejor comprensión de cómo las enfermedades pueden evolucionar y propagarse. Esto ha llevado a una mejor comprensión de cómo tratar y prevenir enfermedades, y ha llevado a avances en la medicina moderna.

El experimento también ha llevado a cambios significativos en la educación y la ciencia en general. La comprensión de la evolución ha llevado a una mayor importancia dada a la ciencia y la investigación empírica en lugar de la fe y la superstición. Además, la evolución se ha convertido en un tema importante en la educación, con una mayor importancia dada a la enseñanza de la biología evolutiva en las escuelas y universidades.

En conclusión, el experimento de la evolución humana ha tenido un impacto significativo en la historia humana, desde cambios en la forma en que los humanos ven su lugar en el mundo hasta avances en la medicina y la educación. La comprensión de la evolución seguirá siendo una parte importante de la investigación científica y de la comprensión del mundo en el futuro.

La relación del experimento con el surgimiento de la civilización

El experimento de evolución humana ha sido un factor crucial en la historia de la humanidad, ya que ha influido en el surgimiento de la civilización tal como la conocemos hoy en día. Desde el momento en que los seres humanos comenzaron a desarrollar herramientas y técnicas para sobrevivir en su entorno, se inició un proceso evolutivo que llevó a la aparición de culturas, sociedades y formas de vida complejas.

El descubrimiento de que los humanos comparten una gran cantidad de genes con otros primates, así como la evidencia de que estos genes han sido seleccionados a lo largo de la evolución para permitir habilidades específicas, ha permitido una mejor comprensión de cómo los humanos han sido capaces de desarrollar una cultura compleja.

El surgimiento de la agricultura y la domesticación de animales, que permitió la producción de excedentes alimentarios, llevó a la creación de sociedades sedentarias y al desarrollo de las primeras ciudades. Estas ciudades a su vez permitieron la creación de estructuras políticas y religiosas más complejas, y el surgimiento de las primeras civilizaciones.

La selección natural y la adaptación a los cambios ambientales también jugaron un papel importante en la evolución de la civilización. Por ejemplo, los humanos desarrollaron la capacidad de digerir la leche después de la domesticación de animales como las vacas, lo que permitió el consumo de lácteos y la creación de productos lácteos como la mantequilla y el queso.

El experimento de evolución humana también ha influido en la comprensión de la diversidad cultural. La variación genética dentro de la especie humana ha permitido el desarrollo de una gran variedad de lenguas y culturas, lo que ha enriquecido la humanidad.

En resumen, el experimento de evolución humana ha sido un factor fundamental en el surgimiento de la civilización y en la creación de las sociedades y culturas complejas que conocemos hoy en día. La comprensión de la evolución y la selección natural también ha permitido un mejor entendimiento de la diversidad cultural y ha ayudado a comprender cómo los seres humanos han sido capaces de adaptarse y sobrevivir en una gran variedad de entornos.

El experimento como origen del pensamiento abstracto

El experimento de la evolución humana ha sido crucial en el desarrollo del pensamiento abstracto. La capacidad de pensar en términos abstractos es una de las características definitorias de la humanidad. La habilidad para conceptualizar ideas, teorizar sobre el mundo y utilizar el lenguaje de manera simbólica ha permitido a la humanidad desarrollar su comprensión del mundo y crear nuevas tecnologías y formas de comunicación.

El desarrollo de la capacidad de pensamiento abstracto se remonta a los orígenes de la evolución humana. Uno de los rasgos más distintivos de la evolución humana ha sido el aumento del tamaño del cerebro. El cerebro humano es tres veces más grande que el de los simios más cercanos y es el resultado de millones de años de evolución. La evolución de un cerebro más grande permitió a los primeros humanos desarrollar habilidades cognitivas avanzadas, incluyendo el pensamiento abstracto.

El experimento de la evolución humana también ha sido crucial para el desarrollo de la cultura humana. El pensamiento abstracto permitió a los humanos imaginar conceptos como la religión, la justicia, la moralidad y la política. Estas ideas abstractas son el fundamento de muchas culturas humanas. Por ejemplo, muchas religiones están basadas en conceptos abstractos como la divinidad, la justicia divina y la vida después de la muerte.

El pensamiento abstracto también ha sido fundamental en el desarrollo de la ciencia y la tecnología. La capacidad de formular teorías abstractas ha permitido a los científicos explicar fenómenos complejos y predecir resultados experimentales. La tecnología moderna también se basa en conceptos abstractos como el código binario utilizado en la programación de computadoras.

En resumen, el experimento de la evolución humana ha sido fundamental en el desarrollo del pensamiento abstracto. El aumento del tamaño del cerebro permitió a los humanos desarrollar habilidades cognitivas avanzadas, incluyendo la capacidad de pensar en términos abstractos. El pensamiento abstracto ha sido esencial para el desarrollo de la cultura humana, la ciencia y la tecnología, y ha permitido a la humanidad comprender mejor el mundo que nos rodea.

El legado del experimento en la humanidad moderna

El experimento de la selección artificial de Darwin ha dejado un impacto duradero en la humanidad. No solo ha transformado nuestra comprensión de la evolución, sino que también ha influido en nuestra forma de ver el mundo y de interactuar con él. En este capítulo, exploraremos cómo el legado del experimento ha impactado la humanidad moderna.

Avances en la agricultura y la ganadería

La selección artificial se ha aplicado con éxito en la agricultura y la ganadería para producir variedades de plantas y animales que sean más resistentes a enfermedades, tengan una mayor producción y sean más adaptables a diferentes condiciones climáticas. Estos avances han mejorado significativamente la producción de alimentos y han permitido la alimentación de una población mundial en constante crecimiento.

La medicina moderna

La comprensión de la genética y la evolución ha sido fundamental para la medicina moderna. Los avances en la selección de genes específicos y la manipulación del ADN han permitido la producción de medicamentos y tratamientos personalizados para tratar enfermedades. Además, el estudio de la evolución de los virus y bacterias ha sido clave para el desarrollo de vacunas y tratamientos para enfermedades infecciosas.

Entendimiento de la biodiversidad

El experimento de la selección artificial ha llevado a una mejor comprensión de la biodiversidad y la importancia de la conservación de especies. Los científicos han utilizado el experimento para estudiar la evolución de las especies y entender cómo las poblaciones cambian en respuesta a los cambios en el ambiente. Esto ha llevado a una mayor conciencia y preocupación por la conservación de especies en peligro de extinción y la protección de ecosistemas.

La tecnología moderna

El conocimiento de la evolución y la genética ha llevado a numerosas innovaciones tecnológicas, como la ingeniería genética y la clonación. Además, la comprensión de la evolución ha influido en la creación de algoritmos de inteligencia artificial, como los algoritmos genéticos que se utilizan para la optimización en la programación y el diseño.

Impacto en la cultura popular

La selección artificial de Darwin ha tenido un impacto significativo en la cultura popular. Desde libros y películas hasta el lenguaje común, la selección natural y la evolución se han convertido en temas recurrentes en la cultura moderna. Esto ha llevado a una mayor comprensión y aceptación de la teoría de la evolución en la sociedad en general.

En conclusión, el experimento de la selección artificial de Darwin ha dejado un legado duradero en la humanidad moderna. Ha transformado nuestra comprensión de la evolución, ha influido en la forma en que vemos el mundo y ha impactado en una variedad de campos, desde la agricultura hasta la tecnología y la cultura popular.

El futuro del experimento y su relación con la evolución humana

El experimento sobre la selección natural y la evolución humana realizado por los científicos hace décadas ha tenido un gran impacto en nuestra comprensión de cómo los seres humanos han evolucionado a lo largo de la historia. Este experimento ha llevado a la identificación de los genes que influyen en rasgos humanos importantes como la altura, la inteligencia y la habilidad lingüística. Sin embargo, el descubrimiento de estos genes ha abierto nuevas preguntas sobre cómo podemos usar esta información para mejorar la salud y el bienestar humano en el futuro.

Una de las formas en que este experimento podría afectar el futuro de la evolución humana es a través de la ingeniería genética. Con el conocimiento de los genes específicos que influyen en ciertos rasgos, podríamos usar técnicas de edición genética para mejorar la salud y la capacidad humana. Esto podría incluir el tratamiento de enfermedades hereditarias y la mejora de rasgos como la inteligencia y la resistencia a enfermedades.

Sin embargo, también hay preocupaciones éticas sobre la ingeniería genética y su potencial para crear desigualdades sociales y económicas. Por lo tanto, es importante considerar cómo podemos utilizar estos avances científicos de manera responsable y equitativa.

Además, el experimento también nos ha permitido comprender mejor la relación entre la evolución humana y nuestro entorno. Sabemos que el clima, la alimentación y el estilo de vida han influido en la evolución humana en el pasado, y ahora podemos utilizar esta información para hacer predicciones sobre cómo la evolución humana podría continuar en el futuro.

Otra forma en que el experimento podría afectar la evolución humana en el futuro es a través de nuestra capacidad para adaptarnos a cambios ambientales. El cambio climático, por ejemplo, está teniendo un impacto significativo en nuestro planeta y en la vida de las personas. A medida que cambian las condiciones climáticas, es posible que tengamos que adaptarnos para sobrevivir, y esto podría influir en la evolución humana.

En conclusión, el experimento sobre la selección natural y la evolución humana ha tenido un impacto significativo en nuestra comprensión de cómo los seres humanos han evolucionado a lo largo de la historia. Este experimento ha llevado a la identificación de los genes que influyen en rasgos humanos importantes, y ahora podemos utilizar esta información para mejorar la salud y el bienestar humano en el futuro. Además, el experimento también ha permitido una mejor comprensión de la relación entre la evolución humana y nuestro entorno, y cómo la evolución humana podría continuar en el futuro.

"Imagina que pudieras revivir la historia de la humanidad desde sus orígenes más remotos. Ahora, imagina que pudieras descubrir cómo nuestros antepasados evolucionaron y se convirtieron en la especie más avanzada de la Tierra, gracias a un experimento único y fascinante que tuvo lugar hace miles de años.

Este libro te llevará en un viaje emocionante por la historia de la humanidad y te mostrará cómo este experimento ha impactado nuestra vida hasta el día de hoy, desde nuestra capacidad de razonamiento hasta la creatividad, la resistencia a enfermedades, la longevidad, y mucho más. Descubre cómo este experimento ha dado forma a nuestra cultura, nuestra tecnología, y nuestro futuro.

Prepárate para un viaje que te llevará desde las profundidades del pasado hasta el futuro de la evolución humana. Este libro te abrirá los ojos a un mundo de posibilidades y te hará cuestionar todo lo que pensabas que sabías acerca de la historia de la humanidad."

Como comentario final, quiero invitar al lector a reflexionar sobre el poder que tenemos como seres humanos para moldear nuestro propio destino. A través de la exploración de la ciencia y la tecnología, podemos descubrir nuevos conocimientos sobre nuestra propia biología y comprender mejor nuestra relación con el mundo que nos rodea. Pero también debemos recordar la importancia de actuar con responsabilidad y ética, teniendo en cuenta las implicaciones de nuestras acciones en las futuras generaciones. En última instancia, este libro es un llamado a la reflexión y a la acción, para que juntos podamos construir un futuro mejor para la humanidad.

www.ingramcontent.com/pod-product-compliance
Lightning Source LLC
Chambersburg PA
CBHW030519220526
45464CB00006B/2863